Armin Täubner

Morgen kommt der WEIHNACHTSMANN

WEIHNACHTLICHE FENSTERBILDER

frechverlag

Weitere Titel von Armin Täubner im frechverlag:

TOPP 1846

TOPP 1849

TOPP 1850

TOPP 1711

TOPP 1914

TOPP 1915

Wir danken für die freundliche Abdruckgenehmigung für das Lied von S. 3, entnommen aus: „Advents- und Weihnachtslieder, zum Mitsingen für die ganze Familie", herausgegeben von Walter Hansen, Orbis Verlag, 1991.

Fotos: frechverlag GmbH & Co. Druck KG, 70499 Stuttgart; Birgitt Gutermuth
Zeichnungen und Illustrationen: Armin Täubner

Auflage:	5.	4.	3.	2.	1.	Letzte Zahlen
Jahr:	1999	98	97	96	95	maßgebend

frechverlag GmbH + Co. Druck KG, 70499 Stuttgart

ISBN 3-7724-1981-X · Best.-Nr. 1981

Druck: frechverlag GmbH + Co. Druck KG, 70499 Stuttgart

Morgen kommt der Weihnachtsmann

2. Bring uns, lieber Weihnachtsmann,
bring auch morgen, bringe
eine schöne Eisenbahn,
Bauernhof mit Huhn und Hahn,
einen Pfefferkuchenmann,
lauter schöne Dinge.

3. Doch du weißt ja unsern Wunsch,
kennst ja unsre Herzen.
Kinder, Vater und Mama,
auch sogar der Großpapa,
alle, alle sind wir da,
warten dein mit Schmerzen.

Text: Heinrich Hoffmann von Fallersleben
Textfassung Strophe 1 und 2: Hilger Schallehn
Melodie: Französisch, 18. Jh.

Schritt-für-Schritt-Anleitung

1.

Pausen Sie sämtliche Teile des Motivs mit Bleistift nebeneinander und ohne Überschneidungen auf Transparentpapier ab. Anschließend wird das Transparentpapier auf dünnen Karton geklebt.

2.

Die Teile werden mit Schere und/oder Cutter exakt ausgeschnitten.

3.

Legen Sie diese Schablonen auf Tonkarton in der entsprechenden Farbe, und zeichnen Sie dann die Konturen mit Bleistift nach.

4. und 5.

Schneiden Sie die Teile in der benötigten Anzahl aus. Anschließend werden die Teile zusammengeklebt – das Foto und die Vorlage geben Positionierungshilfen. Mit Tuschefüller und Pluster-Pen können Sie Ihr Fensterbild noch bemalen.

Plustern: Gleich nach dem Auftragen fönen Sie die Plusterfarbe schräg von der Seite.
Durch die Hitzeeinwirkung quillt die Farbe auf.
Wenn Sie die Farbe vor dem Fönen länger trocknen lassen, ist der Plustereffekt etwas geringer.

☆☆☆

In diesem Buch wird stets beschrieben, wie die Vorderseite des Fensterbildes gearbeitet wird.
Bei frei hängenden Motiven sollten Sie beide Seiten gestalten.

Dazu werden die meisten Teile doppelt ausgeschnitten und in derselben Reihenfolge wie auf der Vorderseite, jedoch spiegelverkehrt, angeklebt.

☆☆☆

Was Sie noch beachten sollten!

Die Köpfe fast aller Weihnachtsmänner werden nach demselben Schema gearbeitet: In den V-förmigen Ausschnitt an der Kapuze legen Sie das Gesichtsteil und kleben dann das weiße Haar-Bart-Teil (gestrichelte Linie) auf. Bevor der Oberlippenbart (punktierte Linie) angebracht wird, malen Sie noch den Mund auf.
Das Auge wird am besten mit einer Kreisschablone aufgemalt. Anschließend können Ärmel, Mantelsaum, Taschen und Mützenpompon angebracht werden.

Zu zweit geht alles leichter

☆☆☆

Am Körper des Fuchses das weiße Innenohr und die helle Bauchfläche befestigen.

☆☆☆

Die Schneeschippe kann entweder als ein Teil ausgeschnitten oder aber der Stiel von hinten angeklebt werden.

☆☆☆

Stellen Sie den Weihnachtsmann auf die Schneefläche, und geben Sie ihm die Schneeschaufel in die Hand. Vor der Schneeschaufel wird der kleine Schneehaufen befestigt.

☆☆☆

Bevor Sie das Fensterbild plustern, wird noch der kleine Helfer des Weihnachtsmannes aufgeklebt.

☆☆☆

Nach getaner Arbeit!

☆☆☆

Kleben Sie auf die Bodenplatte (ohne Vorlage; 28,5 cm x 5 cm) das dunkelbraune Bettgestell. Mit Tuschefüller wird die Holzmaserung an Bett und Boden angedeutet.

☆☆☆

Als erstes kleben Sie das Kopfkissen an das Bett, darauf den Nikolauskopf und dann die Bettdecke.

☆☆☆

Bevor Sie mit dem Plustern beginnen, befestigen Sie noch die Eichhörnchen und die Stiefel. Vergessen Sie die Augen nicht.

☆☆☆

Nun paßt aber wirklich nichts mehr in den Sack!

☆☆☆

Am oberen Sackrand werden von hinten erst die Päckchen und dann der Teddybär befestigt.

☆☆☆

Weitere Päckchen kleben Sie dem Nikolaus unter die Manteltasche.

☆☆☆

Der Sack wird von hinten am Mantel angeklebt.

☆☆☆

Die Umrisse der weißen Teile können Sie noch mit Pluster-Pen nachziehen. Ebenso den Rand der Manteltasche sowie die Schnur am Geschenkesack.

☆☆☆

So kann ich die Abkürzung über den See nehmen

☆☆☆

Die Schlittschuhe werden von hinten am Mantelsaum befestigt.

☆☆☆

Den Sack ebenfalls von hinten am Mantel anbringen. Nun ist der Weihnachtsmann startbereit und kann aufs Eis gestellt werden.

☆☆☆

☆☆☆

Mit Bleistift- und Pluster-Pen-Linien deuten Sie die Schlittschuhspuren auf dem Eis an.

☆☆☆

Vergessen Sie das Plustern der Konturen nicht!

☆☆☆

Die Vorbereitungen haben mich ganz schön geschafft!

☆☆☆

Stellen Sie den weißen Kerzenteller auf den Tisch. Die brennende Kerze wird von hinten daran befestigt. Docht und Flamme malen Sie auf. Mit Tuschefüller deuten Sie die Holzstruktur des Tisches an.

☆☆☆

Setzen Sie den Weihnachtsmann auf den Hocker und an den Tisch.

Malen Sie das Augenlid auf. Nun wird der Ärmel so angebracht, daß der Ellbogen auf der Tischkante liegt.

☆☆☆

Den Sack von hinten am anderen Tischbein fixieren.

☆☆☆

Jetzt fehlt nur noch das Plustern.

☆☆☆

Schönes Zugtier

☆☆☆

Das Geweihteil des Hirsches wird doppelt benötigt und beidseitig, leicht versetzt, am Kopf befestigt.

☆☆☆

Nun werden Weihnachtsmann und Sack auf dem Schlitten positioniert.

☆☆☆

Kleben Sie Hirsch und Schlitten vor die Winterlandschaft.

☆☆☆

Der Hirsch erhält noch das Zuggeschirr, an seinem Halsband und am Schlitten wird je eine Glocke befestigt.

☆☆☆

Mit Pluster-Pen können Sie noch die Konturen der weißen Teile nachziehen und Schlitten- bzw. Hirschspuren aufmalen.

☆☆☆

Was sich die Kinder heutzutage alles wünschen

☆☆☆

Beschriften Sie als erstes die Wunschzettel.

☆☆☆

Setzen Sie den Weihnachtsmann auf den Stuhl, und malen Sie die Holzmaserung auf. Drei Wunschzettel werden am hinteren Stuhlbein fixiert.

☆☆☆

Den vierten Wunschzettel hält der Weihnachtsmann in der Hand. Zeichnen Sie die Fingerlinien ein.

☆☆☆

Die weißen Teile können Sie abschließend noch plustern.

☆☆☆

Komm, ich zeig Dir eine Abkürzung!

☆☆☆

Die Stiefel werden auf die Skier geklebt und von hinten am Mantelsaum fixiert.

☆☆☆

Die Skiausrüstung wird noch durch Skibrille und -stock ergänzt. Den Sack befestigen Sie von hinten am Mantel.

☆☆☆

Die weiße Innenfläche des Hasenohrs und der Schwanz werden am Hasenkörper befestigt, das Gesicht wird aufgemalt.

☆☆☆

Plazieren Sie nun den Weihnachtsmann und den Hasen auf dem weißen Hintergrund.
Plustern Sie mit weißer Plusterfarbe Konturen und Schnee auf.

☆☆☆

Vesperpause

☆☆☆

Beim Zusammenkleben des Weihnachtsmannes zuerst den Ärmelsaum des rechten Ärmels (punktierte Linie) anbringen. Dann das Gesichtsteil in den V-förmigen Ausschnitt der Kapuze legen und das weiße Haar-Bart-Teil aufkleben.

☆☆☆

Nun die Wurst in seine rechte Hand legen und das separate Handschuhteil (punktierte Linie) darauf befestigen. Erst jetzt kann der Oberlippenbart fixiert werden. Zeichnen Sie Auge und Wurstzipfel ein.

☆☆☆

Kleben Sie nun den Nikolaus vollständig zusammen. Dann kann er auf dem Geschenkesack Platz nehmen.

☆☆☆

Nikolaus, Sack und Hasen auf der Schneefläche plazieren.
Die weißen Teile nach Foto mit Pluster-Pen konturieren.

☆☆☆

Schnee in meinen Schuhen!

☆☆☆

Kleben Sie den Stiefel am Sack fest.

☆☆☆

Weihnachtsmann, Sack und Hasen auf der Schneefläche befestigen.

☆☆☆

Mit Pluster-Pen die Konturen der weißen Teile nachziehen sowie die Sackschnur aufmalen.

☆☆☆

Die Flicken am Sack werden wie die Gesichter mit einem schwarzen Tuschefüller oder Filzstift aufgemalt.

☆☆☆

☆☆☆

Plustern Sie noch etwas Schnee auf.

☆☆☆

Zwei ausgelassene Tänzer

☆☆☆

Die Päckchen und den Teddy von hinten an den Manteltaschen fixieren, bevor diese am Mantel befestigt werden.

☆☆☆

Nun den ausgelassenen Weihnachtsmann zusammen mit dem Hasen auf der Schneefläche anordnen.

☆☆☆

Zum Schluß wird noch geplustert.

Letzte Wäsche vor dem großen Tag

☆☆☆

An der rechteckigen Bodenfläche (ohne Vorlage; 35 cm x 8,5 cm) werden mit der Schere die Ecken abgerundet. Die beiden Holzpfosten kleben Sie im Abstand von 22 cm auf die Bodenfläche.

☆☆☆

Spannen Sie einen Wollfaden zwischen die beiden Pfosten. Die beiden zum Aufhängen vorbereiteten Säcke werden am Holzpfosten und zusätzlich aneinander festgeklebt. Die bunten Wäscheklammern an den Sackzipfeln und an der Leine fixieren.

☆☆☆

Den dritten Sack kleben Sie von hinten an den Waschkorb und stellen ihn unter die aufgehängte Wäsche.

☆☆☆

Der Weihnachtsmann wird an folgenden Stellen mit Klebstoff fixiert: Der Ärmel am rechten Sack, die Mützenspitze am Pfosten, der Mantel am Bodenteil.

☆☆☆

Nun können Sie die Sackumrisse und die Holzmaserung aufzeichnen und die weißen Teile des Nikolaus plustern.

Rate mal, was in dem Paket ist?

☆☆☆

Kleben Sie das gelbe Schleifenband auf das lila Paket.

☆☆☆

Der Hase erhält ein weißes Innenohr und einen weißen Schwanz. Malen Sie dann das Hasengesicht auf.

☆☆☆

Nun wird das Paket zwischen Weihnachtsmann und Hase geklebt.

☆☆☆

Beim Plustern des Paketbandes den Verlauf der Konturen auf dem Foto beachten!

☆☆☆

Die weißen Teile mit Pluster-Pen konturieren.

☆☆☆

Zähneputzen nicht vergessen!

☆☆☆

Zuerst wird die Hose mit rotem Filzstift verziert.
Eine Kreisschablone ist dabei sehr hilfreich.

☆☆☆

Nun kleben Sie die Hose auf den Körper.

☆☆☆

Trennen Sie die beiden Füße mit einer schwarzen Linie.
Die Zehen werden ebenfalls aufgemalt.

☆☆☆

Als nächstes wird das weiße Haar-Bart-Teil befestigt.
Bevor der Oberlippenbart fixiert
wird, muß der rote Mund aufgemalt werden.

☆☆☆

In der rechten Hand hält unser Weihnachtsmann den
Zahnputzbecher. Das separate Fingerteil
(gestrichelte Linie) wird nun angebracht. Auf die
rote Zahnbürste das weiße Borstenteil
(punktierte Linie) kleben und mit
schwarzen Linien den Verlauf der Borsten andeuten.

☆☆☆

Den linken Arm am Körper fixieren und die
Zahnbürste in die Hand kleben.

☆☆☆

Es kann noch geplustert werden.

☆☆☆

Selbstgebackenes!

☆☆☆

Die verschiedenen Plätzchen werden von hinten
an der gelben Schale befestigt.

☆☆☆

Die Schale von hinten am Handschuh festkleben.
Den Tannenzweig in der Manteltasche nicht vergessen.

☆☆☆

Jetzt plustern Sie noch die Umrisse der weißen
Teile sowie des Tannenzweiges.

☆☆☆

Badefest zu dritt

☆☆☆

Beim Befestigen des weißen Haar-Bart-Teiles am Kopf die Haare im Nacken nicht ankleben, damit der Wannenrand noch daruntergeschoben werden kann.

☆☆☆

Am rechten Arm zuerst den bemalten Schwamm und dann das separate Fingerteil mit eingezeichneten Linien anbringen. Nun den Arm von hinten am Wannenrand fixieren.

☆☆☆

Als nächstes Entchen und Hasen in die Wanne setzen.

☆☆☆

Die beiden Wannenfüße befestigen und die Wanne auf den roten Teppich stellen.

☆☆☆

Zum Schluß wird noch geplustert.

☆☆☆

Mein schönster Weihnachtsbaum

☆☆☆

Den Arm des Weihnachtsmannes nur an der Schulter befestigen. Nun den Tannenbaum ein wenig hinter den Arm schieben und an Mantel und Handschuh fixieren.

☆☆☆

Achten Sie darauf, daß das Stammende und die Stiefelsohle eine Linie bilden.

☆☆☆

Jetzt können Sie die Konturen der weißen Teile plustern.

☆☆☆

Voll beladen

☆☆☆

Die Päckchen und den Teddy von hinten an den Manteltaschen fixieren. Anschließend werden sie am Mantel befestigt.

☆☆☆

Den Ärmel nur an der Schulter ankleben.

☆☆☆

Den Weihnachtsmann und den Schlitten auf dem weißen Hintergrund anordnen. Nun Sack und Hasen auf den Schlitten laden. Mit Tuschefüller können noch Flicken und Nähte auf den Sack gemalt werden.

☆☆☆

Mit Pluster-Pen werden Sack- und Schlittenschnur aufgemalt. Alle weißen Flächen werden ebenfalls mit Pluster-Pen konturiert.

☆☆☆

Sterne vom Himmel holen

(Siehe Abbildung S. 32)

☆☆☆

An den Handschuhen die beiden Sterne befestigen und dann den linken Ärmel an den Mantel kleben.

☆☆☆

Nun kann der Weihnachtsmann zusammen mit weiteren Sternen auf der Wolke plaziert werden.

☆☆☆

Abschließend kann noch geplustert werden.

☆☆☆